BEI GRIN MACHT SICH IHR WISSEN BEZAHLT

- Wir veröffentlichen Ihre Hausarbeit, Bachelor- und Masterarbeit

- Ihr eigenes eBook und Buch - weltweit in allen wichtigen Shops

- Verdienen Sie an jedem Verkauf

Jetzt bei www.GRIN.com hochladen und kostenlos publizieren

Marie-Louise Victoria Heiling

Schulpraktische Studien Sek. 1 - Seminar für Biologie und ihre Didaktik

GRIN Verlag

Bibliografische Information der Deutschen Nationalbibliothek:

Die Deutsche Bibliothek verzeichnet diese Publikation in der Deutschen National-
bibliografie; detaillierte bibliografische Daten sind im Internet über http://dnb.d-
nb.de/ abrufbar.

Impressum:

Copyright © 2005 GRIN Verlag GmbH
Druck und Bindung: Books on Demand GmbH, Norderstedt Germany
ISBN: 978-3-656-70241-2

Dieses Buch bei GRIN:

http://www.grin.com/de/e-book/50994/schulpraktische-studien-sek-1-seminar-fuer-
biologie-und-ihre-didaktik

GRIN - Your knowledge has value

Der GRIN Verlag publiziert seit 1998 wissenschaftliche Arbeiten von Studenten, Hochschullehrern und anderen Akademikern als eBook und gedrucktes Buch. Die Verlagswebsite www.grin.com ist die ideale Plattform zur Veröffentlichung von Hausarbeiten, Abschlussarbeiten, wissenschaftlichen Aufsätzen, Dissertationen und Fachbüchern.

Besuchen Sie uns im Internet:

http://www.grin.com/

http://www.facebook.com/grincom

http://www.twitter.com/grin_com

Universität zu Köln

Seminar für Biologie und ihre Didaktik

Schulpraktische Studien

WS 2004/2005

Sek 1 Biologie/ Geographie
4. Semester

Schulpraktische Studien Sek I

Hauptschule Wuppertaler Str. 19
Köln – Buchheim

INHALTSVERZEICHNIS:

1.Einleitung

Die Hauptschule Wuppertaler Str. liegt in dem Stadtbezirk Buchheim und zählt zu einem Vorort von Köln-Mülheim. Der Stadtteil gehört zu den sozialen Brennpunkten Kölns. Der schwachen sozialen Infrastruktur wird durch Angebote der Stadt Köln, die sich am Bedarf des Ortes orientieren, mit dem Projekt „ Modellprojekt Buchheim für Kinder, Jugendliche und Familien - sozialraumorientierte Vernetzung von Jugendhilfe" begegnet.

Durch zwei Einrichtungen, der „BuchT" und dem „andere Familienladen" sollen vorrangig Alleinerziehende, Familien mit Kindern und Jugendlichen Unterstützungen finden.

Das Modellprojekt Buchheim, mit einer Laufzeit von 5 Jahren (02.2000- 01.2005), hat sich zum Ziel gesetzt durch adäquate und stabilisierenden Hilfen, zur Verbesserung der Lebensqualität im Stadtteil Köln-Buchheim beizutragen.

1.1 Schule und Schulumfeld

Im Jahr 1960 wurde die evangelische Volksschule, die später zur heutige HS Wuppertaler Str. geworden ist, , im Neubaugebiet auf der Wuppertaler Str. gebaut.

Von Anfang an wies die Schule architektonische Mängel auf. Sie verfügt nicht über genügend Raumkapazitäten, so dass es immer wieder zu Engpässen im Stundenplan kommt. An den Richtlinien gemessen fehlen der Schule 11 Unterrichtsräume. Viele Klassen sind durch den Platzmangel in Fachräumen untergebracht, notwendige Differenzierungen sind schwer durchzuführen und sozialpädagogisch erforderliche Institutionen können nicht bzw. nur rudimentär stattfinden.

In den letzten 20 Jahren konnte eine kontinuierliche Zahl von Neuanmeldungen verzeichnen werden, so dass die Schule durchgehend dreizügig ist. Werden die Mängel nicht bald behoben, wird die Schule das Schulangebot auf Dauer nicht aufrecht erhalten können.

Buchheim besteht aus Alt und Neubauten, verschiedene Siedlungen wurden nach 1950 gebaut. Viele der Schüler wohnen in der unmittelbar angrenzenden Siedlung Hermann-Kunz-Str., die auch durch das Modellprojekt Buchheim unterstützt wird.

1.2 LehrerInnen

Im Jahr 2001 unterrichteten 17 Lehrer und 13 Lehrerinnen an der Hauptschule Wuppertaler Str.. Die gesamte Zahl der geleisteten Unterrichtsstunden beträgt 706 Std., die dem vollen Stundensoll der Stundentafel für Hauptschulen entsprechen. Zusätzlich wird von 2 Lehrern türkischer Unterricht erteilt.

Von allen Lehrern werden über Ihre Unterrichtsverpflichtungen hinaus, Aufgaben der Organisation und der Verwaltung übernommen, sie tragen damit zum Gelingen der Erziehungs- und Bildungsarbeit und zum guten Schulklima bei.

1.3 SchülerInnen

Die Schule hat 412 SchülerInnen in 18 Klassen. Die Klassenstufen sind ab dem 5. Schuljahr, durch die vielen Neuanmeldungen, vorwiegend dreizügig. Im 6. und 7. Schuljahr werden pro Jahr ca. 30 Schulabgänger der Gymnasien und Realschulen aufgenommen.

77 % der SchülerInnen kommen aus dem Einzugsbereich Buchheim, Mülheim und Holweide und stammen aus verschiedenen sozialen Schichten.

39% der Schüler stammen aus dem Ausland, die meisten sind schon in Deutschland geboren und Ihr Integrationsprozess ist weit fortgeschritten.

Circa 10% der Schüler, aus anderen Herkunftsländern, sind Seiteneinsteiger, d. h. sie kommen meist ohne Deutschkenntnisse in die Schule und lernen erst Deutsch in der Förderklasse um später in die Regelklassen eingegliedert zu werden.

Deutschland	Türkei	Russl.Kas. Spätaussiedler	Bosn.+Kosovo	Italien	Sonst. Staaten
61 %	24 %	5 %	3 %	2 %	5 %

1.4 Schulabschlüsse

Der Bildungsgang der Hauptschule ist gegliedert in:

Orientierungsstufe ? Jahrgangsstufe 5 + 6.

Nach dem 6. Schuljahr ist ein Wechsel in andere Schulforen, wie Realschule und Gymnasium möglich.

Mittelstufe ? Jahrgangsstufe 7 + 8.

Beginn der Berufsorientierung, Informatik und Vorbereitung auf das Betriebspraktikum. Im 8. Schuljahr beginnt die Leistungsdifferenzierung (E + Ma) in Grund und Erweiterungskurs.

Oberstufe ? Jahrgangstufe 9 + 10.

In beiden Schuljahren wird ein Berufspraktikum absolviert. Berufsreife und Berufsfindung stehen im Mittelpunkt. Nach der 9. Klasse erlangt man einen HS- Abschluss, der Bildungsgang 10a führt zum Sekundarstufenabschluss 10 und der Bildungsgang 10 b führt zur Fachoberschulreife.

Schulabschlüsse nach 9. und 10. Klasse und berufliche Bildung

	Anzahl Entl. Schüler	HS Abschl. n.Kl. 9	10 a Abschl.	10 b Abschl.	Ausbildun gs-stellen	weiterführende Schulen		Maßnahmen Berufl. Integration	ohne vertrag zum Entlassungszeitpu nkt (idR danach noch)
						BK	Gymnasium		
1998	71	4	35	32	29 (41%)	25(35%)	7(10%)	5 (7%)	6 (8%)
1999	63	3	31	29	25 (39%)	23(36%)	6 (9%)	2 (3%)	7 (11%)
2000	65	6	37	22	28 (43%)	20(30%)	7(11%)	4 (6%)	6 (9%)

2. Betreute Klasse

Ich konnte in den 3 Wochen der Schulpraktischen Studien die Klasse 7 b der Mittelstufe betreuen, unterrichten und dem Klassenlehrer hospitieren. Der Klassenlehrer hat mich sehr gut in das Unterrichtsgeschehen eingebunden und erklärte mir die momentane Klassensituation.

Die Klasse besteht aus 21 Schülern, 13 Jungen und 8 Mädchen. Der Ausländeranteil in der Klasse beträgt ca. 52 % und bringt dadurch auch sprachliche Probleme im Unterricht mit sich.

2.1 Klassesituation

Die Klasse wird seit diesem Jahr in G-Kurse E-Kurse eingeteilt. So entsteht unter den Schüler kein Leistungsdruck untereinander mehr und die Lehrer können besser auf die Lernbedürfnisse der Schüler eingehen. Auf der einen Seite werden sie besser gefördert, auf der anderen Seite wird jedoch die Klasse auseinander gerissen. Die Klassengemeinschaft ist nicht mehr so fest wie vorher und die Schüler unterstützen sich weniger untereinander.

Es lässt sich auch kein Ansporn der G-Kurs Schüler erkennen, dass sie es gerne in den E-Kurs schaffen möchten, sie sind völlig demotiviert und finden sich damit ab. Hier wäre mehr Unterstützung der Lehrer gefragt.

Ein Schüler der Klasse, der auch dieses Schuljahr wiederholt, hat in 2 Wochen 2 Klassenkonferenzen hinter sich gebracht. Das Problem an der Situation ist, dass die ganze Klasse in die Problematik hineingezogen wird. Das macht die Klassensituation natürlich nicht leichter.

Nach dem gescheiterten Versuch die Schüler in einer Hufeisenform zu unterrichten, haben sich die Schüler selbst eine neue Sitzordnung gewünscht um konzentrierter arbeiten zu können.

2.2 Unterrichtsreihe Biologie

Thema der Unterrichtsreihe:

Blut, Blutkreislauf und Blutgruppen

Grobziel:

Die Schüler können nach der Unterrichtsreihe die Wichtigkeit des Blutes für den Menschlichen Organismus erkennen und können in Partnerarbeit verantwortungsvoll an Ihren Aufgaben arbeiten.

Sie haben gelernt mit Mikroskopen umzugehen und zu arbeiten.

Sie können die Zusammenhänge der einzelnen Unterrichtstunden erkennen

Feinziele:

Die Schüler können die Bestandteile des Blutes benennen und kennen die Blutgruppen.

Sie können den Blutkreislauf in eigenen Worten erklären.

Die Schüler sind in der Lage alle Funktionen des Blutes, Blutkreislaufs und der Blutgruppen zu benennen und zu erklären.

2.3 Unterrichtsstunde

Thema der Unterrichtsstunde:

Blut

Es handelt sich bei meiner gehaltenen Stunde um eine Doppelstunde. Da die Schule über keinen Biologieraum verfügt, haben ich mich für den Chemieraum entschieden, der an jedem Arbeitsplatz über 2 Stromanschlüsse verfügt.

Der Klassenlehrer ist von mir über den Ablauf der Doppelstunde informiert und unterstützt mich bei meinem Vorhaben.

Die Schüler haben noch nie mit Mikroskopen gearbeitet, so dass ich mir Verhaltensregeln überlegt habe.

Verlaufsplan	**Klasse 7b**		**DS 90 min**

Phase	**Handlung**	**Sozialform**	**Medien**
Einstieg 5 min	Vorstellung des Themas – Welche Erfahrung habt ihr gemacht? Offene Fragen werden an d. Tafel geschrieben (wird später erarbeitet)	Frontalunterricht und Lehrer-Schüler-Gespräch	Tafel

Einleitung 10 min	Gemeinsam wird der Text im Biologiebuch gelesen. Absatz f. Absatz werden offene Fragen geklärt	Frontalunterricht Lehrer-Schüler-Gespräch	Biologiebuch
Erarbeitung 1 10 min	Schüler bekommen ein AB mit Fragen zum Text.	Stillarbeit und Partnerarbeit	Biologiebuch, AB
Erfolgskontrolle 8 min	Die Fragen werden kontrolliert und die richtigen Antworten zusammengetragen.	Lehrer-Schüler-Gespräch	AB
Erarbeitung 2 8 min	Wie sieht Blut aus? Mikrosk. Bilder aus dem Biologiebuch werden gemeinsam besprochen	Frontalunterricht Lehrer-Schüler-Gespräch	Biologiebuch
Einleitung 5 min	Arbeiten mit einem Mikroskop. Was ist ein Mikroskop/ Funktion/Gebrauch/Verhaltensregeln	Frontalunterricht Lehrer-Schüler-Gespräch	Folie- Mikroskop Mikroskop
Erfolgskontrolle 4 min	Kleiner Test- Aufbau Mikroskop Anschließende Besprechung	Stillarbeit Lehrer-Schüler-Gespräch	AB
Erarbeitung 3 30 min	Austeilung der Mikroskope und der Blutpräperate (Fertigpräparate) Arbeit an den Mikroskopen Zeichnung eines Blutausschnittes	Partnerarbeit Lehrer gibt Hilfestellung	Mikroskop Heft
Erfolgskontrolle 10 min	Kreuzworträtsel über die gesamte DS Kontrolle Kreuzworträtsel	Stillarbeit Lehrer-Schüler-Gespräch	AB

Ziel der Stunde:

Die Schüler haben die Wichtigkeit von Blut für den menschlichen Organismus verstanden und durch das mikroskopieren sind die verschiedenen Bestandteile des Blutes veranschaulicht worden.

Der sichere Gebrauch des Mikroskops und die vorsichtige Handhabung des Gerätes wurde eingeübt.

3. Einschätzung des Praktikums

Das Praktikum hat mir einen sehr guten Einblick in den Lehrer- und den Schulalltag gegeben. Ich habe mich stets in meiner 7. Klasse wohlgefühlt und wurde sehr herzlich in der Klasse aufgenommen und als Lehrerin voll akzeptiert.

Der Klassenlehrer /Mentor hat mich sehr unterstützt und mir mit Rat und Tat zu Seite gestanden. Meiner Meinung nach ist dieses Seminar in einem Kompaktseminar sinnvoller, weil man intensiv die Klasse kennen lernt. Dadurch ist die Akzeptanz, als Lehrer, bei den Schülern viel größer.

3.1 Persönliche Eindrücke und Selbstkritik

Besonders nach meiner gehaltenen Doppelstunde hat mich das positive Feedback meines Mentors gefreut. Er war in der ganzen Stunde fasziniert von der Arbeit mit den Mikroskopen und hat sich entschieden meine Arbeitsblätter für seinen weiteren Biologieunterricht zu übernehmen. Das Praktikum hat mich noch mal in meinem Studium bestärkt, es gibt einem immer wieder die Möglichkeit die Theorie des Studiums auch praktisch umzusetzen.

Ich habe nach meiner Unterrichtsstunde schnell gemerkt an welchen Stellen ich etwas anders strukturieren sollte oder noch mehr auf die Schüler hätte eingehen können.

Ich konnte direkt auf diese Situation reagieren und habe gemerkt, wie flexible man als Lehrer in seinem Verlaufsplan sein kann ohne vom eigentlichen Lernziel abzuweichen.